#你下班了沒？

不是你不夠努力，是你少了點狠勁

崴爺 著

suncolor 三采文化

下班與否？是態度！

——資深行銷人　朱承天
歲爺第一位職場主管

上班和下班，照理說是一件很容易判別的事情，不管是傳統製造業、服務業、電子業、金融業，通常都有打卡制度，所以，卡一打就上班，卡一打就下班，很容易的。

就算是所謂的責任制，事情總有做完的時候吧？總有離開辦公室的時候吧，那就下班了啊！不不不，現在有網路遙控！加一個 LINE 群組，可以追隨你到天涯海角，甚至到你的夢裡，成為永遠下不了班的惡夢。

正因如此，「你下班了沒？」成了被重視的課題，「加班」被認為是優良職場指標之一。這次歲爺把這項議題當書名，應將打中不少上班族的心。然而這議題，身為比歲爺還資深的過來人，我倒有些思考模式可以分享。

首先，下班與否應該是一種心態。初出社會時，我擔任媒體記者，分配好要跑的路線，便知道這是一個沒有下班的工作。當自己所負責的路線出了什麼事，難道能因為休假就沒我的事嗎？我負責醫藥線，不管是火災、意外、政要生病，一有事情發生，還是只能披掛上陣啊！

接下來做公關，幫一個大客戶設立 0800 專線，當時，在討論管理模式時，我的客戶說：一天二十四小時都會有人在喝我們的飲料喔！我心裡明白，如果發生什麼食安問題，那可是不管我下班了沒啊！

再後來做行銷做品牌，範圍一度擴大到全中國大陸，管理難度也大幅增加，工作時間更是全年無休。只要有事情發生，不用別人找，自己就會立馬衝到事發現場了。

除了上述似乎是侷限在危機處理上的工作，其實，只要投入一個行業，我的心態肯定就是全年無休了。不會因為下班就對客戶的新聞視而不見，休假時經過客戶的餐廳也會多看兩眼是否滿座；自己管理的商場，休假日去也像當值，連別人的商場都會順便做一下市調。我曾在香港維多利亞港欣賞夜景時，發現放眼望去的霓虹燈招牌，有四個是自己的客戶，馬上掩蓋了港灣其他的景色。直到現在，基本上我已經從職場上退休，卻仍然對於零售市場極為投入關心。所以連去歐洲 Long stay，拍照也好，行走也罷，都以零售市場為主，還可以寫出德國市場遊這種零售筆記書。

有人問，喂！你不累嗎？難道永遠都不能放鬆嗎？那又是另外一個議題了。你有喜歡自己的工作嗎？如果是喜歡的，可以把興趣、學習、工作、生活都融合一起，何須計較哪時下班呢？也就是說，我前面提到的種種工作，不是老闆規定或客戶需求，是自己心裡想要而已。

這是指戰略層面的意義。不是真的要完全無法切割。而是在這些生命不同的向度中，能不能有效互相影響且安排妥當的課題。很多事情，不是只建立在打卡制度中。進一步說，下不了班就只好加班。大家都在加班，到底為什麼呢？很多加班其實是無效力，或是只對你的客戶有少少效力的事情，我們卻因為別人加班，或者是競爭者加班，而不得不繼續加班。這得要深入思考後才能找到源頭，除非我們改變策略，找到藍海，跳脫無效加班的循環，方能解決問題。

在歐洲或美國很多大企業，一旦要休年假，不僅跑得不見人影，就算天塌下來都阻擋不了他的休假。奇怪的是，他們的競爭力卻依然很好，就產業結果來看，也沒有被淘汰啊！所以，不是只有下不了班這一個選項而已。

崴爺這本書，當然不只提到上、下班的定義，而是分享了很多職場體驗，看起來行雲流水，其中涵義有時卻很深，端賴是否能夠領悟而融會貫通。

希望大家閱讀愉快。也帶來工作舒心。不管「你下班了沒」？都能夠領略箇中美好的滋味，成為生命中的重要養分。

●朱承天曾任職浙江衛視子公司動漫專案主管、上海百腦匯總部品牌總監、生活工場營業及行銷經理、大江及台茂購物中心行銷經理。

謝謝你，把我從挫敗感裡拉了一把

——一件襯衫創辦人　黃山料

第一次和你「約會」，我發現，擁有世俗成就的人，時間都特別寶貴。你只給我三十分鐘。

直到三十分鐘過去，我告訴你：「你該走了。」而你卻說：「再十分鐘好了。」

經歷了四次的「再十分鐘」，相差十七歲的兩個男人，在晚上七點，聊了七十七分鐘，吃了一頓七分飽的晚餐，約好七天後，再碰面一次。

和對的人相處，是不計較歲月的。不論是你我的年齡差距，或是此刻相處的時間。

我們很投緣。

我是黃山料，那時二十五歲，出社會後啊，職場裡混得一塌糊塗，帶著臭名聲，狼狽地逃走，經歷許多挫折，我活成了一個沒自信的人，創業之後，我在幕後操盤自己的事業，低調得不敢聲張。

曾經我是有夢想的，卻在面對現實後，熱情被熄滅；這些年斷了幾段友誼，失了幾次愛情，壞了自己生活。你卻在一見面的瞬間，就知道，我未來會發光。

你經常細數我的優點，經常列出我的價值，知道我的市場競爭力，認可我的努力，你總說：「我相信你的潛力。」

二十六歲生日那一天，你逼著我按下「建立粉絲頁」。

我開始寫文章，分享自己的創業故事，我出了書，接了廣告代言，公司也越來越穩定，損益平衡之外，還清了負債，日子一天比一天精采。

日子久了，友誼是會淡的，但回憶都是真的。

我們碰面的時間短了，聊天的次數少了，可我知道你太聰明了，總能讓自己過得好好的，也記得是當初的你，把我從挫敗感裡拉了一把，讓我更相信自己，才走到今天，堅定自己的理想，也喜歡上自己的樣子。

這是給王明崴的一封信。

也許我們在某些人的眼裡一文不值，
但在其他人面前，卻會是無價之寶。

謝謝你，讓我相信當初那個「不被理解的自己」。
也終於，期待著未來，放下過去受傷的自己。

目錄

PART 1

＃上班教我的事

PART 2

#下班要學的事

PART 3

#職場之外的事

附錄

PART 1

#上班教我的事

上班靠演技；下班要勇氣。
加班才叫認真，聽話才是好員工？
病態的職場文化，會產生一股力量，
如邪教洗腦般，讓你以為這是「常態」。
那些上班教你的事，一一拆解。

靠譜，是最低成本的社交方式

新職場運動1

遞出再多名片，也比不過靠譜。

前陣子，崴爺參加幾場〇〇會、〇〇社聚會。雖然我不太能適應這類活動，但偶爾以局外人的身分，觀察其中的生態，也滿有趣的。

場子裡，一位熟門熟路的好友和我說了他的見解：「有兩種人，特別熱衷這類社交活動。一種是有錢、有身分的人，他們想在這裡得到眾星拱月的感覺；另一種則是找資源的人，希望從中建立人脈、拓展業務並找到機會。」聽完朋友的分析，我點頭如搗蒜。

這種場合裡，總是有幾個人特別受到注目，整場都被眾人簇擁圍繞。另外一部分人，像參加換桌約會一樣，忙著四處遞出名片，與人搭訕。這種「各取所需」的生態，特別「現實」。

大家用兩、三分鐘判斷出一個人有沒有「社交價值」，然後再決定要花多少時間去和一個人「交陪」。

你別跑錯棚！這裡不是真心交陪的所在，而是待價而沽的市場。沒有社交本錢，拿不出資源交換的人，只能淪為壁花、壁紙或是大型裝置藝術……再積極、再努力，也只是徒勞。

・・・

十幾年前，崴爺在媒體企劃部任職，和公司的設計部有很密切的合作。設計部門共有七、八位平面設計，每個人做事態度都不一樣。

其中的A君，習慣性拖稿、常態性出包，和他討論版型，還會流露不耐煩的臭臉。企劃部同事們常開玩笑，如果案子被分配給A君，就說自己抽到

「下下籤」，要自求多福，祈禱不要出錯。

起初，大家只是職場的「同事」，殊不知，日後彼此關係有了改變。

幾年後，媒體同事們陸續離職，跳槽的跳槽、創業的創業。設計部的A君被公司資遣後，開了自己的設計工作室。他開工作室的事，我們都有耳聞，也都接到A君的電話、禮物和溫情小卡，希望大家可以多關照。

我們幾個老同事私下聊起這件事……情感層面上，我們似乎該挺他一下，但回想起以前A君不靠譜的事蹟，竟然沒有一個人「敢」把案子發給他。

不久後，聽說A君的工作室無案可接，草草收攤後失業了幾個月，才找到一家願意用他的公司。

⋮

做事不靠譜，是消耗自己的陰德值，
也預支了自己的信任存款。

你的朋友圈裡，是不是有這款人？（或者，你正是這款人？）

講好的事，常臨時反悔；約好時間，一定要拖延一下才甘心；話說得特別漂亮，但做出來的事總是「名不符實」；平時不主動聯絡人，有事相求才會特別熱絡……

如果只是朋友關係，或許大家還能容忍這些小缺點；但如果是公事公辦的正經事，你心裡自然會小心斟酌，因為你太清楚他的底細、他的毛病，根本不敢把重要的事交付給他。

做事不靠譜的人，是在消耗自己的「陰德值」，也預支了自己的信任存款。

・・・

剛進社會工作的年輕人問我：「該怎麼經營人脈？」

歲爺建議，真的不必汲汲營營於社交活動，因為這種人脈是建立在「資源交換」，才剛起步的你，並沒有可以和人交換的社交本錢。

比起搆不到的人際關係，你更該關心自己的「潛在人脈」。

未來最好的人脈，是現在在你身邊，和你相處、共事的人。他們最貼近你，最能觀察你的為人處事。

風水會輪流轉，你身邊的人會隨著時間成長與發達，誰都有可能成為日後拉你一把的貴人。

這種唾手可得的人際關係，你不去好好經營，不留給人好評價，根本是一種自我毀滅的行為。

人在做，天不一定在看；但你的種種，身旁的人一定都看在眼裡。

• • •

靠顏值跑得快，實力派走得久

新職場運動2

走得長遠，不必跑最快，而是始終如一。

在廣告、媒體圈一滾十多年，常有機會和明星、名人合作，從他們身上，崴爺深深體會「人不可貌相」的道理。

・・・

接下來說位女星A的故事。

二〇一三年，公司接到知名髮品客戶的案子，請到一位八點檔鄉土劇女星拍攝平面廣告。她的外型甜美，螢幕上都飾演楚楚可人的角色，因為討喜，幾部戲就讓她快速走紅。

但是，和她一起工作真是「災難一場」。她時不時就飆出三字經，空檔時菸不離手，隨時都可能找不到人，還有些勢利，眼裡只有大咖攝影師是「人類」，把其他工作人員當成空氣……

幾天後，我和她的經紀人協調工作內容，她的經紀人忘了轉告，這位姑娘搞不清狀況，直接打電話來嗆聲，劈頭就說：「欸，你是那個王○○嗎！我告訴你……」

事後當她發現是經紀人的錯後，一句道歉的話都沒有。

第一線的工作人員，最容易看出明星的真實個性；第一線的無名小卒，也都可能是日後的一個「咖」。

日後，只要提案需要女明星人選，或是客戶主動提及想和她合作，我都會讓該女星的名字「被消失」。台灣有太多看起來外型甜美的女明星了，而且她們的個性、態度都更好，我何苦自找麻煩呢？

住哪？怎麼回去？還主動要開車載她們回家。

雖然是第一次合作，但日後若有合適的提案工作，崴爺肯定會將「崔佩儀」的名字放上去，強力推薦給客戶。一個人，能在同一個領域穩穩地走了三十年，絕非偶然。

・・・

「洪荒之力」雖然石破天驚，但「涓流之力」才能長長久久。

很多人「有才情、有顏值、有機運」，短短時間就能拚到上位；但只要像崴爺一樣活得夠久、混得夠長的活化石，就能清楚明白地看到：

能在一個領域走得最長遠的，往往不是跑得最快的那個，而是態度「始終如一」的那個。別忘了，「態度」也是一種「專業能力」。別擔心自己走得太慢，只要態度正確，你一定可以走得比別人更遠的。

能在一個領域走最長遠的，
往往不是跑得最快，
而是態度「始終如一」的那個。

不會有第二次。

‧‧‧

貴人，之所以有能力幫人開門、替人開外掛，顯然有一定的高度和實力，他們想得到的可能不是「實質好處」，而是想得到用錢也買不到的「奇檬子」。

藉由拉拔、加持一個「對的人」並看著他們成功，證明自己獨具慧眼，是個好伯樂。而你的感恩之心，更代表著他們沒幫錯人。這些貴人會因此得到另一種層次的成就感和快樂。

所以，給「貴人」一個幫你的理由，絕對比到處「跪人」幫忙，更有用、更聰明。

貴人運是「努力」的附加價值。
先好好為自己努力，
才能吸引他人之力向你靠近。

能站上舞台的原因。

情緒需要管理、心智需要訓練，這才是「生而為人」的價值。

憤怒有用的話，崴爺願意比誰都憤怒；但我知道，對人生咆嘯只是浪費力氣，不如收拾不滿當個「奮青」，把人生決定權一點一點拿到自己手中。

• • •

除非，你能靠著「憤怒」賺錢維生（如某些政客、少數 KOL、少數名嘴……），否則憤怒對人生一點實質的幫助都沒有。

「憤怒青年」只會讓自己血壓升高；「奮鬥青年」才有可能讓人生更好。

願大家心平氣和、身體健康。

閉上眼睛，再翻白眼

很多人特別崇尚「真性情」，好像只要說話直白、敢罵、敢嗆聲，就是「做自己」；反而較內斂、含蓄的人，很容易被貼上有偶包、沒個性、城府深的標籤。

崴爺年輕時也是這樣認為，覺得做人幹嘛「假仙」，喜歡就大聲說、討厭就表現出來呀！但這世界是這樣的，別人能做的事，你不見得能做。底氣不夠、火候不足，卻沉不住氣，這種「不長眼」的真性情，無疑是種自殺式行為。

你看看，宮鬥劇裡先買單退場的，大部分是喜怒形於色的角色；警匪片裡先掛點的，也都是衝第一的小嘍囉。這讓崴爺想到蔡秋鳳〈金包銀〉這首歌：「別人呀若開嘴是金言玉語，阮若是加講話，啥咪就出代誌。」

別人真性情是帥氣，你的真性情是傻氣。

你看看那些「敢」真性情的人，通常都是後台夠硬、底氣深，已經是不怕承擔後果的「咖」，才敢大膽說出自己的感受。

你、我都還在為生活努力打拚，別人不來陷害已是萬幸，哪還有本事去招惹仇家？尤其是在職場、人際往來上，當自己還不夠強大時，切記，把真性情放心裡，對不爽的人事物，請閉上眼睛再翻白眼。

因為，你永遠不會知道會招惹到誰。

‧‧‧

十多年前，當歲爺還在職場打滾時，曾有位新進同事，他做事的方式、他說話的口氣，甚至是看人的眼神，都讓同事們反感。年少輕狂，我從沒掩飾對他的厭惡，直接讓他感受到我的不滿。有些同事會私底下「誇我」夠帶種，敢和他對嗆。

幾年後，他成了公司的高階主管。當年那些「檯面下」不滿他的同事，每個都平安無事，唯獨「真性情」的我，被打入冷宮冰著。

在社會待久了，體會不少人情世故，崴爺得到了一個心得：「看清一個人不必揭穿他，討厭一個人不必翻臉。」才是有智慧的處世之道。

就像開車一樣，看到路上亂開車的駕駛，保持距離以策安全即可，不需去硬碰硬，因為下場絕對是有害無益。

沉不住氣，只會讓你受更多氣。

不長眼的真性情，是一種低情商（EQ）的表現，只會讓你多了潛在仇家。

看清一個人不必揭穿他，
討厭一個人不必翻臉。

把一塊絆腳石放在路上，讓自己的路走死，一．點．都．不．帥。

．．．

我知道不形於色很難，但至少能做到「閉上眼睛再翻白眼」的程度；這並不是要你有城府，而是保自己「趨吉避凶」的生存之道。

你可以有觀點、有好惡、有分別心，但你也要明白，這世界很現實，也很實際，你得先是個咖，再來講自己的感受。否則，根本不會有人在乎你的「真性情」，反而會因為「白目」招惹來不少麻煩事。

情緒，儘量慢半拍

新職場運動8

遇到瘋子別跟著瘋，否則，你只是另一個瘋子。

大部分的人都能做到「人不犯我，我不犯人」；但在生活或職場上，想要「人不犯我，人見人愛」根本是神話。

出來走跳，難免會碰到幾個不長眼、低情商的人；當遇上這種傢伙，就立刻武裝反擊，肯定不是上上策。好漢不吃眼前虧，別和低情商的瘋子鬥，才是聰明的處事之道。

有人講話不過腦，傷了別人還以為是率性；有人神經大條，察覺不到別人情緒的變化；有人閱歷不夠，不懂得做人處事應該要謙和。你和他曉以大義，他們聽不懂；你被激怒，只會讓他們變本加厲。所以，與其浪費力氣怨懟他們，不如從調整自己心態開始。

崴爺是不容易動怒的人（但怒起來會很恐怖），並不是我修養特別好，而是在經驗裡，當我碰上低情商的人，也跟著變得低情商後，不但沒解決窘境，反而吃了不少虧。所以我已經學會「情緒要慢半拍」的道理。分享幾個我體悟出來「將負面情緒化於無形」的方法。

•情緒慢半拍

「水潑落地難收回」，情緒也是一樣，放出去，就難收回。當你遇到低情商的人，記得別在第一時間動怒，也別在當下被牽動情緒。放慢自己的情緒，也許你會發現，一開始只是「美麗的錯誤」。

當崴爺年少輕狂時，就犯過這樣的錯。有人對我不好，我立刻奉還，後來才發現，對方其實人還不錯啊！但我們在錯誤的情緒下相遇，互射對方好幾箭，雙方的壞印象已經留下，要再修補，談何容易。學著放慢情緒，也許人生就能多個朋友、多個貴人、多點機會。

•練習同理心

崴爺發現，「同理心」是負面情緒的擋箭牌。當你對上了低情商的人，可以先在心裡演一段小劇場，試著給對方的低情商一個理由。

是工作受了委屈？昨天和男友吵架？被警察開了罰單？人生遇到了難題？身處對方立場思考，透過換位思考，體會他人的情緒和想法。當你試著「同理」對方的感受，你會發現，自己的情緒也會得到安撫。

柏拉圖說：「永遠要對正在努力面對某些事情的人仁慈。」同理心，就是讓你變得仁慈的好幫手。

•••

遇到瘋子，別跟著他一起瘋，否則，你只會變成另一個瘋子。退一步想想，既然有緣成為生命中的過客，我們何不善待每一個過客？

與其浪費力氣怨懟低情商之人，
不如從調整自己心態開始。

當心職場三大惡人：渣男、戲精、笑面虎

職場即江湖，聚集了形形色色的人物。

「商人型」的人，把職場當作一場買賣，只重利益、不管對錯。

「政客型」的人，將職場當成一場權力爭奪，不擇手段、只求上位。

有人是「俠客」，在職場上有情有義、濟弱扶貧。

有人把職場當作「教育事業」，春風化雨、作育英才。

有人是「玩咖」，把職場當自己的遊樂場，以撩妹、虧男、搞曖昧為己任。

有人是「戲精」，自認為是後宮嬪妃，硬把職場當宮鬥劇來演。

有人是「三姑六婆」，把職場當成菜市場……

每個人來自不同的背景、懷抱著不一致的人生目標，對職場的切角、認知

不同，所以產生了詭譎複雜的職場環境。如果你只是一隻涉世未深的羔羊，或是只有紙上談兵經驗的小白兔，被丟進職場肯定會適應不良，嚇得懷疑人生。

當你有幸身處在一個良好的工作環境，老闆、主管、同事，每個人兄友弟恭、溫良恭儉，那是三生有幸。但十之八九的職場啊，並沒有那麼的美好，反而比較像是收容牛鬼蛇神的修鍊場。

你一邊要為五斗米賣命、替未來打拚，還要應付職場惡人……人生怎麼那麼難？

你要理解，不是每個人都和你一樣宅心仁厚，每個人都有自己的遊戲規則，所以見招拆招，不要只用一個招式打江湖；除非你拿到「發言權」，或是自己創業當老闆，否則，寄人籬下，還是要「長眼」。

崴爺整理一些職場惡人的樣貌，讓你參考，這些都是血淚的經驗之談，希望對你有點幫助。

• 渣男型：不給你承諾，卻始終給你希望

崴爺的好朋友黃益中出了新書《我的不正經人生觀》，書裡有段神級金句：「渣男，就是從來不會給你承諾，但又會給你希望。」當我看到這句話點頭如搗蒜。我心想，將這句話換作「慣老闆／主管，就是從來不會給你承諾，但又會給你希望。」也完全成立。

如果你在職場上遇到只會畫大餅，卻拿不出「餅」的主管或老闆，一定要特別警覺。尤其是常將「共體時艱」掛在口中，卻不知道要「艱到何時」的老闆；或把你升職加薪當紅蘿蔔釣你，但等了一年還沒動靜的主管。

他若真愛你，就要用行動來證明。職場上的這款惡人，就像情感裡的渣男，只出一張嘴卻沒有作為，耽誤了你的職場青春。

小孩子的世界，
才會爭誰對誰錯；
職場是成人的世界，
只會以利弊得失作衡量。

可能是他沒能力，也可能是他壓根不想給。簡單兩個字，就是「賴皮」！遇到渣男型的主管或老闆，第一次可以給他機會，但如果是累犯，請不要心軟地離開。要相信，下一個人一定會更好。你的職場人生，可別毀在這種人的手上。

●笑面虎型：笑裡藏刀不言義，下馬看花施暗計

這種人，是我心中的痛，在每個不同的職場都遇過幾隻「笑面虎」。

我是個容易掏心掏肺的傻B，不知道是怎樣的「賤人體質」，人家對我三分好，我非要還以十分。這樣的個性在生活中很容易結交好友，但在職場上卻超容易「踩雷」。

你知道嗎？有的人個性像香蕉，皮是黃的、扒開也是黃的；但有的人卻像檳榔，你以為他是綠的、剖開是白的、咬一咬就變成紅色，讓人猜不透。

笑面虎型的同事都有兩張臉，在你面前是一張無害的臉，讓你放心卸下防備，把所有祕密都告訴他。對老闆的不滿、不爽哪個主管、暗戀哪個同事……你以為是閨密間的「悄悄話」，卻被他暗自當成對付你的「籌碼」。

你給他一塊玉，他還你一塊磚，而且是拿這塊磚敲你的腦門……只要哪天，你們之間出現利害關係，這些對話紀錄、手機截圖，全被掀出檯面。

以前的我，曾經信任過這種笑面虎，後來他竟然因為不爽我升職，把我們兩人私底下的對話紀錄，截取給主管，平白替我招了一個仇家……

這種人有個特徵，你很難看透他的真實內心，因為他不會真的和你交心！在互動的過程中，你會發現大多是你在說，他附和；他不會說出真實的心意，因為他不想留下任何蛛絲馬跡。

所以當你遇到這種看起來和善，實際上摸不透心思的人，還是乖乖地閉上

小孩子的世界，才會去爭誰對誰錯；「職場」是成人的世界，只會用利弊得失作衡量。

我們在職場求的是生存，努力找到自己的舞台，千萬不要把自己消耗在惡人身上。

玻璃心真的無濟於事，學會見招拆招才是存活之道。一輩子可能要在職場滾個三、四十年，你不去當壞人，至少別被惡人傷到筋骨。

職場辛酸人人有，既然職場給了你一顆酸檸檬，你要想辦法把它榨成一杯檸檬汁，還要把它做成一客檸檬派。在酸澀中活出甜味，這才厲害。

…

剛報到的前兩天，下班鈴一響，我開心地打卡下班。同事們卻以驚奇眼神與我對望。第三天，隔壁同事終於忍不住提醒我：「欸……副總沒下班，其他人是不能下班的，不然，副總會『不開心』。」

偏偏，副總好像不太愛回家，每天都拖到八、九點後才離開。最讓我驚訝的不是這個無理的潛規則，而是，大家竟然都默默地遵守了。

加班才叫認真，聽話才是好員工？

病態的職場文化，會產生一股力量，如同邪教洗腦般，讓你以為這是「常態」。

崴爺沒有為公司做牛做馬的偉大情操，在主管身上也見不到真本事。剛進公司不到兩個星期，我就決定給自己三個月的緩衝，時間一到馬上包袱款款、離職走人。

那天做了決定之後，心情特好。我將分內工作做好、每天準時下班。主管也無可奈何，頂多是結屎面，外加一些酸言酸語。三個月後，把辭職單遞出，一切海闊天空、在其他職場上我又是一條好漢。

現在回想起來，那段辦公室的日子充滿著灰色，同事像洩了氣的球，壓力瀰漫整個空間。才報到沒幾天，我已經覺得生活是「枯萎」的。

值得嗎？不值得。

挑老闆，和「選對象」挺類似的。

一個好的交往對象，會讓你對人生充滿正向的想法，給你想要進步的動能。一個錯的對象，只想控制你、壓制你、占有你，讓你以為這是「愛」，讓你病態地活著。

以愛為名傷害你的另一半、以努力為名消耗你的主管職場……你一開始，就要看清楚，看清楚之後，更要勇敢離開呀！否則，日子久了，你真的會習慣這樣病態的日子。

人生而自由卻身陷奴役。暴政憑藉暴力強制、教育宣傳、利益收買，使人喪失他的自由本性，甘願為奴，以致不再知道自己的生活正處於被奴役的狀態。

慣老闆要的是你的奴性；好老闆要的是你的能力。職場上奴與不奴，就差在你有沒有「離開辦公室」的勇氣。

看清以努力為名消耗你的主管職場，別習慣了病態的日子。

一旦你明白，是因為自己「弱」，不是因為你「錯」，才會有變強的動力。
所以，如果你不想再「錯下去」，那就讓自己別再「弱下去」。

糾結在對錯裡，無益於你的生命。
若不想再「錯下去」，
就別讓自己再「弱下去」。

當別人認定你很好欺負時，
就越不把你當回事。
你若不幫自己一把，
沒有人會認真幫你。

我還能怎麼巴結？只差沒抱著大伯的大腿叫聲乾爹了。長輩常說：「做生意以和為貴。」你在明、他在暗，人家搞你，也只能含淚吞下去，免得惹來更大的麻煩。

但是，當別人認定你很軟、好欺負的時候，他就越不把你當回事。後來，我決定對他用了一個「黑魔法」。

崴爺有個兄弟是真的「道上兄弟」。我撥了通電話給他，請他帶兩位兄弟到店裡「坐坐」。當然，他們來的那天，我也事先約了主委到店裡「聊天喝茶」。等主委進店後，我將門口營業中的牌子翻過來，順勢拉下鐵門來。

那天，崴爺什麼也沒做。我只花了三十分鐘，和主委說了心裡話。那也是第一次，大伯肯乖乖地坐著聽我講話。

・・・

「欺善怕惡」本是常態，我們可以選擇做好人、當傻瓜、讓人卡點油、被占些便宜……但若真的遇到跨越界線、無理取鬧之人，也該適時地硬起來，給他一點「黑魔法」。

你若不幫自己一把，沒有人會認真幫你。

從那天之後，主委大伯再也沒找過我麻煩了。我的火鍋店順利地在這棟大樓開了五年。

沒有底線的良善，
不是真慈悲而是盲目溺愛，
幫得了一時，卻足以害人一世。

做人要保有善良的「質地」，但也要搞清楚，自己的善良雖然沒有標價，但絕對是珍貴的。

有價值的東西，都不該任人予取予求，需索無度。有價值的東西，是需要被認真看待的。你的善良，不該被剝削，更不是飛蛾撲火、不自量力地去成全別人。

如果有人把你的善良當成水龍頭一樣，隨開即用，聽歲爺的，請果斷地把你的善良收起來。東西一旦廉價，就不會有人珍惜了。

善良要有底線，嚴格執行「拒絕往來」名單。

有些朋友，你以善良對待，但當你需要援手時，他卻和你斤斤計較。你可不要怨人家現實，善良本來就不是白紙黑字的借貸關係，人家不還你這份情，你也無可奈何。

一旦發現善良被人利用，你就該有防備，不能再任人宰割。對身邊這樣的朋友，嚴格奉行「斷捨離」的原則。斷絕聯繫，捨去情誼，這輩子離他遠遠的。

你該取悅、討好的人，是自己。

「好人」不過是虛名，像是領了座獎盃，不能吃也不能用，占位又礙事。為了取悅別人，成為別人口中的好人，絕對不是人生的終極目標。做人的底線，是沒有害人之心，生而為人，能做到這樣就已經功德圓滿了。

有位師父和我聊過關於人的「慈悲心」。慈，像是母親的憐憫之愛；悲，像是父親的拔苦之心。慈悲心，其實該兩者兼具。沒有底線的良善，這不是真慈悲，而是一種盲目的溺愛，幫得了一時，卻足以害人一世。

職場如後宮，只差沒鬧出人命

越有用的人，被人用得越慘。

《後宮甄嬛傳》、《武媚娘》到日前討論度最高的《延禧攻略》，每次崴爺看到這些宮廷劇橋段，都深感和當年職場上的情節如出一轍，只差沒鬧出人命而已。

「職場」和「後宮」有些共通處：封閉組織、利益結構、自成規矩，還有……真正的「主子」只有一個。除非你不在「其中」，跳脫組織靠自己，不然就得乖乖照著規則運作。

雖然純屬娛樂，但劇裡的經典語錄、警世名言，根本就是職場之道與處事真理！崴爺習慣把看到、讀到的金句名言隨手記下，以下五個宮廷劇名言，大家互相警惕。

• 攻略一、木強則折，越有用的人，被用得越慘

歲爺經驗中，在大組織裡，「出頭鳥」通常是最早挨槍的，能幹之人也是最快被消磨心智。如果你想在大組織內安安穩穩存活，低調做人、韜光養晦，路才會走得長。

• 攻略二、心存善良，更應懂得「自保」

在職場，就算你不爭，也可能因為無心擋了別人的發達之路，惹上麻煩。一味地不爭，你只能領「好人好事獎狀」，在職場上只會吃癟受害。你的善良，需要有「智慧」和「勇氣」相伴，才能自保。

• 攻略三、我們都是風中飛砂，左轉右轉，任主子擺布

安分守己沒有錯，力爭上游亦無不可，但別忘了，場子是人家的，你再怎

不必和對你有偏見的人證明什麼，只要問心無愧，時間自會證明一切。

⋯

江湖走跳，害人之心不可有，但良善的心，需要聰明的腦袋做後盾。懂得人性，你才不容易被騙，也才不會玻璃心。

會利用你感情的人，
遠比你的無情更可怕。

沒有無聊的生活，只有無聊的態度

二〇一三年，崴爺一個人到泰國旅行，才剛從機場搭地鐵到奇隆站（Chit Lom），人都還沒出站，放在背包的皮夾就被扒了。我全部的現金、信用卡全都在那個皮夾裡！

和車站的駐站人員交涉後，緊急聯絡台灣的朋友幫忙掛失了信用卡。在一陣兵荒馬亂後，我到了預定的飯店。

我將行李甩在地上，一個人呆坐在床上，此刻度假的心情全都毀了。我腦袋裡一直想著：「是什麼時候被偷的？」「為什麼自己這麼不小心？」「為什麼不把錢包放在其他地方呢？」「為什麼我這麼倒楣？」

身無分文的我，在臉書發了一則「皮夾被扒」的動態。還好朋友的朋友正在曼谷旅遊，我們聯繫上並碰了面，她好心借給我三千塊泰銖。這六天，就靠這三千塊泰銖過活了！

糾結在負面情緒裡，我不想踏出飯店，連三餐都隨便到超商買泡麵、麵包等乾糧就躲回飯店。一心只想讓倒楣的六天趕快結束，直接飛回台灣。

原本計畫好的泰式按摩、暹羅美食之旅，變調成了窮極無聊、自怨自艾的飯店閉關。

虛度三天後，我心裡突然響起自覺：「既然都來了，為什麼要窩在飯店浪費時間？改變不了錢包被偷的事實，但不能讓自己的好心情也被偷走啊！」

當念頭一轉，腦袋裡立刻跑出有趣的畫面。數一數剩下的泰銖，預留了最後一天坐車到機場的錢，崴爺決定效法日本節目《黃金傳奇》，和自己挑戰「一千塊過三天」的旅遊企劃！自己越想越覺得有趣，錢包被扒的陰霾也跟著一掃而去。

接著幾天，我跑遍曼谷不用花錢的景點，在臉書上分享發現的超便宜「地攤美食」。最後一天居然還剩下一點錢，夠自己享受一次腳底按摩。

事隔多年，這趟旅行竟是我印象最深、最有趣的一次。

‧‧‧

你的生活，就和歲爺這趟旅行一樣，可以很「鳥」、也可以很「屌」。

生活，會用乏味、無聊、不如意的事物來消磨人的心智。如果你傻傻地被牽著走，就中了它的詭計。生命中的每一天，都值得我們盛裝出席，與其糾結在無法改變的事實，不如努力提升自己內心的彈性，替生活找出另一條活路。

有人說：「只有滿懷誠意地去過生活，你才可能和強悍的現實打成平手。」

生活可以貧乏，但你的態度一定要圓潤飽滿；生活可以無趣，但你的靈魂一定要生動有趣。

有趣的人，就算是一碗白粥也能喝出蜂蜜的甘味。祝我們不被生活擊敗，成為一個有趣又熱鬧的人。

遇到人生低潮困惑，該怎麼辦？

雖然已經老大不小，但我人生遇到的低潮和困惑卻從沒少過。只是，面對這些讓人「啊雜（煩躁）」的事，崴爺已經越來越能適應，也懂得用有效率的「方法」卸下負面情緒，再找到解答。

常被問到這個問題：「如何面對人生的低潮和困惑？」

在遇到低潮、困惑的時候，你可能會尋求朋友的慰藉和解答。但我告訴你，身邊的朋友們，也許能助你紓壓，卻未必能給你答案。

朋友和你，都處在同溫層中，你會發現，對於「問題」本身，同儕大概都是相似的見解，用同樣角度看待事情。有時，大家的建議反而會讓你越來越疑惑，像鬼打牆般無限輪迴，沒有出口。

所以遇到人生困惑時，你需要朋友的慰藉，還需要找位有智慧的「導師」協助解惑。

你一定會問崴爺：「如果不認識這些有智慧的導師呢？」

那就「閱讀」吧！

我在三十二歲當年創業失敗後，對人生產生許多的疑問，因為未知與恐慌，讓自己陷入了大低潮。後來，靠著閱讀許多智者、大師的著作，才讓我找到了方向。

閱讀，是開眼界的最簡單方法，它能把你視角拉得更高、更廣。當你學會從不同的角度看待事物，心境自然會隨之轉換。

前陣子崴爺有些困惑，總覺得人到中年，卻事事不如人。但當我閱讀了張曼娟老師寫的文章，就像醍醐灌頂，豁然開朗。

「當我們覺得某些人真好運，擁有這些好機會，卻忽略了人家或許很努力。

『他到底是憑什麼……』

『為什麼是你不是我？』

這樣的話其實暴露了妒嫉與狹隘的視野，天地之大，為何只把注意力放在『他』或是『你』？

『自己』才該是終極目標，永恆的挑戰。

山，需要和海相比嗎？

雲，需要和樹競爭嗎？

我在悠悠的人生道途上，一面思索，一面微笑。」

張曼娟老師的這段話，是不是也解答了你現在的困惑呢？

有個研究佛法的朋友告訴我：「所謂『得道』，就是對宇宙、對自己、對他人的生命沒有疑惑，對所有生命的問題，都有『答案』。」

也許，我們現在淺淺的修行還無法「得道」，但我們要學習「尋找答案」的方法喔。

別辜負了雞湯

新職場運動21

心靈雞湯要吸收內化，
才會轉變成「能量」。

聽不認識的人形容自己，是一件有趣又需要極大勇氣的事。不久前，聽到有人這樣形容崴爺：「他就是那個在網路上寫『雞湯文』的崴爺啦。」

心靈雞湯，在爺少年時代曾是一種正面、稱讚的名詞呢！但現在被貼上「雞湯文」的標籤，好像帶了一點貶抑，暗指看似有料、卻沒啥用處的文章。

崴爺要幫「雞湯文」平反，畢竟，我也是被「雞湯文」餵養大的孩子。

家裡沒兄姊、也沒其他長輩，爸媽不擅社交，所以我社會化得很緩慢。小時候核心價值觀的來源，大多是從家裡訂的報紙和圖書館的書本裡。

少年時期，我會將每天報紙上喜歡的文章剪下來，利用空白的剪貼簿，貼成一本一本收藏（真的好老派）。

特別喜歡勵志類的文章，因為我可以從這些文章裡，看到更大的世界。它們也讓我深信，只要努力到位，沒有做不到的事、翻不了的局。現在「思想上」這麼正向，應該就是被這些文章耳濡目染的「成果」吧。

當你眼中看到的是充滿希望的世界，你就會活得充滿希望；當你看到的是仇恨的世界，你的心裡也會堆滿著仇恨；當你看到的都是鬼，你自己也可能變成鬼……

雞湯文無用，但不至於有害。吸收好的人，自然能得到其中的養分。

另外，雞湯文被貶抑，也和「偽心靈雞湯」氾濫有關。有太多偽雞湯文，背後藏著其他的「目的性」，用正能量在包裝著「不懷好意」，更多的是為了自嗨用的「速食雞湯」。

⋮

沒有人是百分之百正面陽光；我一直認為，一個人的人格，是由多種面相組合而成，只差在比例的多寡。

偶爾，你會想放爛人生，做些墮落的事、喝得爛醉、罵些髒話，或是把自己當垃圾桶，狂嗑鹹酥雞、珍奶等高熱量食物。偶爾，你會小鼻子小眼睛地憎恨那些不怎麼樣、卻比你成功的人。

有的時候，你想讓自己變得「更好」，所以你才會運動鍛鍊、去吃些營養的食物讓自己健康。

有陽光、有灰暗；有幽默、有正經；有墮落、有積極；這樣才是「完整的人格」！而崴爺做的，只是用文字，滋潤在你人格裡那陽光積極的一面。

所謂心靈雞湯，你要願意喝下、好好吸收內化，才會轉變成「能量」。如果，只是冷眼看它、心裡鄙視，再好的雞湯不過就是一攤雞的「屍水」而已。

新職場運動22

還沒站穩，
別搶著當炮灰。

羔羊們，你缺的是應付世界的手段

又到了畢業季，成群的羔羊，準備跳入社會的屠宰場。

歲爺當年也在羊群裡，而且還是特別肥美的那隻。按照慣例，師長、社會上賢達菁英都會給羔羊們祝福，說些「夢想、努力、堅持」的場面話。等進了屠宰場後，你才驚覺：「啊，追求夢想的過程，除了要努力、堅持，原來還需要不少小手段。」關於這些，學校可從沒提過。

有個聰明的女孩說：「這世界缺的不是夢想，缺的是應付世界的手段。」只有還在路上的實踐者才能明白：「夢想之路，從來不是康莊大道，而是血路一條。」

多少「熱血羔羊」還沒看到夢想的邊邊角角，就被「惡狼、餓狼」給吞了；多少「胸懷大志」的追夢人，最後輸給了不入流的「小手段」。

夢想誠可貴，踏實價更高。

如果不想遭受太多「苦你心志，勞你筋骨，餓你體膚，空乏你身，行拂亂你所為」的磨難，逼得夢想提早買單打烊，那你就要「築夢踏實」。

所謂「踏實」，也包括了你要懂點手段、學著偶爾當個壞人。

⋯

•手段一、適時當一回壞人

這是崴爺的切身之痛：「越想當個好人，你就越不可能成為好人。」

以前無知，不想讓人失望，所以常常自不量力地當起好人。對於朋友、同事的求助照單全收、一次給足。但這樣的人，會變成強力吸引器，吸引到有目的的人上門。

吃力不討好的苦工、需要善後的鳥事、想占你便宜的瞎事，全都會自動上門。如果無法滿足對方需求，你不但無法成為好人，反而變成被責怪的傻蛋。

有個猴子與香蕉的故事，很有意思。

假使第一天你給猴子四根香焦、第二天給猴子三根香蕉，猴子會很不爽，怪你是個小氣鬼。但若第一天你給猴子兩根香蕉、第二天給猴子四根香蕉，猴子大樂，誇你是好人。事實上，你給得更少。

好人，只要做了一件小壞事，就搞得天崩地裂，過往的好馬上被否定。對方說你現出原形、不過爾爾……反觀，反派角色偶爾做些好事，多麼讓人耳目一新，有記憶點啊！

所以，何必給自己那麼大的偶像包袱，你不需要是個一百分的好人，懂得偶爾學學當壞人的技巧，才能保護自己。

• 技巧二、要會裝傻，但不能真傻

江湖上，死得快、摔得奇慘的常常是鋒芒畢露的人。

有時候太過聰明伶俐、披芒帶刺，會給人侵略性、壓迫感，最容易成為箭靶。所以，你不必事事都求勝，懂得適時地耍萌裝傻，會特別討喜可愛，這也是一種以退為進的高超技巧。

崴爺很喜歡「鴨子划水」這句成語。表面上，要像鴨子一樣呆傻無害，但你的腳千萬不能閒著，得在水下拚命地划。等大家一番廝殺後，才會發現無害的鴨子，已經默默地跑到前頭，這才叫真厲害。

要保持單純初心，選擇與善良為伍，
「手段」只是實現理想的工具罷了。

•技巧三、有主張，但別急著表態

網路上你常看到許多炮王，行事有個性、發言有Guts，而且萬人擁戴、一呼百諾。崇拜羨慕之餘，你別傻傻地以為你也能這樣做自己啊！

想要任意揮霍消費，你的口袋要夠深。看看這些炮王，哪個後面沒有一點實力、有點背景？想學他們，你先練練底氣，否則只有當炮灰的能耐。

雖然有人認為孔夫子有點八股，但「非禮勿視、非禮勿聽、非禮勿言」這些道理，在追求夢想、走跳江湖時，還是挺受用的。

這裡的「禮」，指的是做人處事的「規範」。如果你只有一點點能耐，那請先委屈自己，照著規範走，否則壯志未酬，身先死。先被推出去當替死鬼的，都是這些過於急躁的羔羊們。這是種「權宜」，不是孬孬。

你可以有主張，但不用急著形於色；在還沒站穩前，別搶著去當炮灰。

‧‧‧

說了這麼多，大概會有衛道人士白眼，認為崴爺說的是邪門歪道。但爺不是教你詐，更不要你立志成為大壞蛋。

想要出人頭地，一路上就是會遇上好幾打的壞蛋。

你想靠努力證明自己，人家只想踩著你往上；你對人真性情、無保留，人家只想秤斤秤兩地把你賣個好價錢。如電影《九品芝麻官》名言：「貪官要奸，清官更要奸，要不然怎麼對付得了那些壞人？」

就爺所知，檯面上的成功人士，哪個沒有一段腹黑史。只要你能保持單純的初心，選擇與善良為伍的信念，「手段」和「使壞」，不過都只是實現理想的工具罷了。

這世界，沒有所謂二分法，也不是非黑即白。你必須學會在泥地行走，在屠宰場裡修行。

你的單純無知，不是你的賣點，是你的弱點。

僅以本文，寫給所有的羔羊們。

人們只想看好戲，不是真相

新職場運動23

對只想看戲的人，你一旦認真就輸了。

前幾天看到一則社會新聞，一名高中生受家人誤會偷錢，由大樓縱身一跳，人就這樣走了。後來證實，他根本沒有偷錢。歲爺看完後很難過，也讓我回想起國小時一件往事。

國小班上有一位女同學，一頭短髮、個性內向，平時不太和同學說話。不知道何時開始，同學間傳出這樣的耳語：「她剛出生爸爸就跟情婦跑了，媽媽現在在酒店上班。」

耳語傳開後，幾個口無遮攔的女同學到她面前挑釁：「妳媽媽是酒店小姐！○○的媽媽是酒店小姐！大家不要和酒店小姐的女兒做朋友……」

因為顧慮同儕的眼光，班上再沒人主動靠近她、和她說話。

有天中午，班上有位同學的錢包不見，全班都在幫忙找錢包。突然有人喊著：「應該是被人偷走了。」

有人開了第一槍：「一定是酒店小姐的女兒偷的。」

接著第二槍：「我早上看到她一個人在教室裡，很可疑！」

再來第三槍、第四槍……每個人都言之鑿鑿地說是「她」。

她坐在座位上哭了，並沒有替自己辯駁。

午休結束，她獨自一人跨坐在三樓教室窗口，呆呆地看著天空。同學發現後，叫她趕快下來，她卻作勢往樓下跳去。還好，被幾名同學們給拉住了。

導師知道後立刻衝回教室了解狀況，當時說她偷錢包的人，卻沒有一個人拿得出證據。而後，那個疑似被偷的錢包，在事發前早就被人在操場撿到，送到了訓導處。

到別人的場子「拔樁」？這招太狠、也夠悍了。隔年，我的客戶果真被教母的廣告公司給收了。

• • •

當時的場景，我至今記憶猶新，也是我創業生涯裡重要的「一課」。仔細想想，於情、於理、於法，前輩的做法好像都沒什麼問題，只是有腦、有膽這樣做的人，少之又少。

《如懿傳》裡，衛嬿婉家世卑微，她的起步遠不如其他嬪妃，在後宮裡，論姿色、比背景、肯努力的人，大有人在。如果衛嬿婉的後宮之路沒耍幾次狠、沒扳倒幾個擋路的人，肯定沒法坐上皇貴妃的位置。

創業、職涯的競賽場上，大家各憑本事。

或許不是你努力不夠，只是有人比你更多了點「狠勁」。

或許不是你努力不夠，
只是有人比你更多了點「狠勁」。

新職場運動25

若想攻頂，
就必須從低處開始。

你不去認真討好世界，世界也沒義務討好你

有個女明星和歲爺閒聊，她說：「剛出道的時候，我到處試鏡、到處跑活動想建立圈內人脈。那時根本沒人把我放在眼裡，就像隱形人一樣。」

在戲劇圈打拚多年，她什麼機會都沒放過，人家不要的小角色也願意接。後來終於讓她搏到幾部收視率極高的八點檔連續劇，讓她從C咖成了人氣女星。

她又說道：「以前把我當隱形人的圈內人，現在都對我〇〇姐的叫，自動地貼過來。」

我問道：「妳覺得這個環境很現實嗎？」

她說：「香港演藝圈有句話叫『跟紅頂白』。沒名沒勢的人，像瘟神一樣，大家避之唯恐不及。但一個人若紅了，就出現一堆人趨炎附勢捧著。這圈子生態就是這樣，要進來之前就要有自覺。我的目標是要成功成名，其他有的沒的，對我來說一點都不重要了。」

・・・

川普曾在影集《誰是接班人》的片頭說了一句話：「It's nothing PERSONAL, it's just BUSINESS.（無關個人恩怨，只是在商言商。）」這句話正是商場上的遊戲規則。

在商場上「感情用事」，你可能還沒發達就先陣亡了；但若在感情上「在商言商」，你的另一半明天肯定就和你提分手。

人處在什麼圈圈，就要學著用該圈圈的價值觀思考，若亂了套路，你只會被搞得人格分裂。

PART 3

#職場之外的事

世界沒有退步，
只是年輕人腦袋比從前進化得更快。
以前的遊戲規則，正在被改變。

網紅經濟、創業祕辛……
辦公室以外的世界運轉模式，
毫無保留，統統告訴你。

有些人，可以帥氣地四處旅遊，到處看世界、開眼界，那是因為沒有太多的「後顧之憂」。如果你跟著照做，那就等著回來後，收拾一堆人生的爛攤子。

平時一同玩樂的酒肉朋友，大家一起虛度青春……但，人家比你天資聰穎，人家的後台硬、有人可以罩。而兩手空空、腦袋空空的你，只是傻傻地拿著最寶貴的青春去陪著燒。

不久前，崴爺遇到了一個年輕時期的朋友。以前的他，愛享樂、四處旅遊、無局不歡，一個及時行樂派的男孩，活得十分帥氣。

但現在，我們都已是大叔的年紀。崴爺眼前的他，崩壞的速度好快，眼睛裡也沒有從前的光采。簡單聊了幾句，我們交換了聯絡方式。

幾天之後，他傳來訊息，寒暄了幾句，開始娓娓道來，抱怨人生不如意、遇到了經濟問題等。講著講著，就開始和崴爺「借錢」繳房租。

年輕時，我真的羨慕過他的多彩多姿啊！

但出來混，總是要還的。不是每個人都有本錢虛度青春，也不是每個人都能無後顧之憂地活著。

你不必羨慕眼前那些虛華不實的表象。讓自己慢慢地更好，這對你未來的人生，真的受用多了。

●驕傲，會失去高度

歲爺曾分享過，我在二十六歲開的第一家火鍋店，第一個月營業額就超過兩百萬，一個月的淨利就是我當上班族的年薪。

這樣的開始，是禍不是福。當周邊親友、媒體吹捧你的成功，很難不驕傲，很難不犯點大頭症。

一旦「驕傲」的念頭出現，往往會開始「膨脹」自己的能力，做出超過自己能耐的事。

修為不夠，所以氣焰囂張，以為無所不能。明明還沒那個能耐，就開始擴張第二家店、第三家店、第四家店……六年搞下來，我只囂張了半年，最後賠了兩百萬收場。倒讓我學會了「謙虛、永續」這四個字。

所以啊，收斂起驕傲，驕傲只會「壞事」不會「成事」的。

‧貪念，會失去快樂

我常用哲學的邏輯思考「創業」這回事。我自己創業的初衷，是為了拿到人生的選擇權，目的是為了得到「快樂」。

慾望若恰如其分，是種「動力」；但當慾望沒有節制，則是「失控」。創業，本身是種慾望的外顯行為。當一個人的心裡塞滿太大的慾望，怎麼會「快樂」呢？

不知道是誰給的觀念？好似，創業就要搞得越大越好，擴張要越快越好。所以現在很多新的創業者，才剛起跑，就想著飛。

崴爺雖然不是什麼很厲害的創業大咖，但我已經懂得「小而美，小而不失控」，才是創業過程裡最快樂的階段。

新職場運動30
經營自媒體，
你也可以是電視台老闆。

網紅，應該這樣當

崴爺受邀至好幾所大學向九〇後的學生演講，題目大多是和「職場、生涯規劃」有關。在我當學生的時候，常在這種演講場合呼呼大睡，很擔心有現世報的發生，所以我儘量把演講內容安排得比較接地氣、符合台下同學的口味。

我發現，每當講到關於「網紅」的內容，原先台下眼神渙散的同學，眼睛「咻」一下就閃出光芒，精神都回來了。

在演講結束後的 Q&A 時間，同學們的問題十之八九都集中在：

「老師，要怎麼當一個網紅？」

「老師，要怎麼經營自媒體？」

「老師，網紅可以賺多少錢？」

果然世代不一樣了，年長一點的人覺得網紅是不正經的玩意兒，但年輕一輩已經把網紅當成正當職業。

這篇，嵗爺要以「廣告公司老闆」、「高齡網紅」的身分，分享一些眉角，給有志成為「網紅」的弟弟妹妹。

根據人力銀行今年最新的調查，台灣上班族夢幻工作排名：
第一名：公務員（24.98%）
第二名：工程師（16.83%）
第三名：「部落客／網紅」（15.67%）

現在「部落客／網紅」已經不再只是種現象，而是正式成為「職業」，還是很熱門的那種。大咖網紅，年收入百萬以上稀鬆平常。有點人氣流量的小網紅，一個月賺個三、五萬也不是難事。

想要走得久、走得長、賺得多，
抱持「專業態度」是非常重要的。

一、需要具備「專業態度」

既然網紅是一份「職業」，就要拿出專業的態度來看待這份工作。

我遇過一個創業類的網紅，事前約定好平面拍攝時間。結果拍攝當天客戶、攝影、廣告公司七、八個人都到現場了，卻遲遲等不到，也聯絡不上她本人。隔天，找到她的時候，她淡定地說：「睡過頭了！」

還有一位以美食為主的 Instagram 網紅，拍完推薦餐廳的食物後，吃沒兩口，就把客戶的食物全都丟掉，好歹做做樣子也打包一下。

既然決定接下一份工作，就該拿出「專業態度」去完成。別忘了廣告業界都有個「黑名單小本本」，而且會互通有無，壞評價傳得快，未來的工作機會也會越來越少。

九月分的《遠見雜誌》做了一個創業專題：「誰Fire了台灣老闆？」這裡指的老闆，不是那種高大上、手握雄厚資金的大企業老闆，而是和你、我一樣，想要白手起家，卻資源缺缺，只有一身傻膽的普通人。

遠見整理了七項台灣店家歇業倒閉潮的原因；崴爺從中選了幾個，加上了自己的觀點，整理給想要創業，或正在創業的你參考。

・敗局一、勞工意識過高，勞資關係緊張

很多媒體輿論都特別喜歡譴責「慣老闆」，但你們有沒有發現，這年頭的「慣員工」才真的越來越多。

尤其常出現「奧客型員工」，應徵上後就擺爛，搬出法規、玩弄法規的漏洞，讓店家蒙受損失；員工有足夠的法規保障，但創業的老闆沒有。老闆的處境，可能比員工還弱勢。

• 敗局二、法律規範死板，綑綁店家運作

我和不少創業朋友的共同心得，現行的部分法規跟不上快速變化的時代。歲爺公司常接觸的食品、保養品廣告法規，其中不少規定，都讓業者無所適從。

另外，遠見雜誌也提到，現行不少針對營業店家的消防、環保、賦稅、融資法規，都已經不符合實際需求。

• 敗局三、消費者太強勢，網路霸凌店家

保護消費者天經地義，但過度標榜顧客權益，也養出了一堆可怕的「奧客」。消費者一不爽，就可以向媒體爆料、在粉專刷負評、在自媒體上放話攻擊。這樣缺乏查證，片面的評論，最後被傷害的、承受後果的，往往是無處申訴的店家。

・敗局四、租金行情失序，店家任人宰割

有租過店面的老闆都知道，台灣的「店租」和「景氣」是脫鉤的；不管景氣好壞，反正租金都只會往上漲；你的事業能不能永續，不只看你努不努力，還得看你的房東是不是個「厚道」的人。

崴爺之前提過，延吉街路上的某家火鍋店，營業十四年，租金調了五次，從九萬漲到二十萬，最後老闆只能忍痛把辛苦經營十多年的店收掉。

・敗局五、常住人口減少，電商取代實體

根據統計資料，二〇一六年台灣赴海外工作的人口已經達到七十二萬人，加上少子化的問題，台灣的內需市場正在迅速萎縮。

對店家而言：市場僧多粥少、產品替代性又高、消費者選擇性多，加上電商取代了部分的實體店家功能，如果沒有兩把刷子、口袋又不深，真的很難在市場上立足。

看到這，是不是覺得創業店家的處境，越來越艱難？

‧‧‧

第一次開店創業的人，最後都會發現一個事實：創業開店後，自己的工時變得比上班族還長，實際上放進口袋的收入，比以前的薪水更低；自己的人生也被「卡關」在一家小小的店裡。

因為創業陷入窘境，不但經濟吃緊，還影響到自己的身心靈和家庭，這，絕對不會是你想要的生活。

創業，不是「桃花源」，而是另一個「修羅場」。所以不要以為創業後，你的人生就會更好。

如果，你的產品、服務沒有很厲害；你的思維，還停留在舊式邏輯；你沒有大把的資金，可以讓事業續命。

聽崴爺的話，安安分分地當個上班族，好好地學會理財，花時間學習新技能；別趕著現在去飛蛾撲火。

新職場運動33

寧可把錢吃光、花光、玩光，也不要被「亂創業」敗光。

離職創業，哪有想得那麼簡單

太多人問過崴爺：「我該不該創業、能不能創業？」

二〇一八之前，對「創業」這件事，我抱持比較正向的態度；只要發問者承受得起失敗，腦袋清楚，又有熱情，基本上，我都滿鼓勵。

但，現在崴爺要「修正」一下我的態度。就像國發會發布景氣燈號一樣，現在的創業環境應該是代表低迷的「藍燈」。現在這個「局」，有點硬。

崴爺一直強調：寧可把錢吃光、花光、玩光，也不要「亂創業」被敗光。

如果，你現在有創業的念頭，或身邊有親朋好友興沖沖地想創業，先看看這篇「創業煞車文」。

…

「危機入市」這套在股市可能有用，但口袋不夠深，又偏偏選在這個時候創業，你還撐不到柳暗花明，可能就提早翻船。

崴爺是創業者，我的業種是廣告公司，可以接觸到各式各樣不同產業的客戶，和各家媒體業務窗口，所以對市場敏感度特別高。比對這八年的局勢，真的非常有感。

台灣中產階級流失，消費意願越來越「保守」，大家購物都在追求「高CP值」。這現象其實很合理，如果大家口袋有錢，都是暴發戶，誰管什麼CP值啊，爽就好！但這種一面倒強調「高CP值」的消費市場，對小創業者是很不利的。

「高CP值」代表了薄利、低利潤。要不就要壓低成本，要不就要爆量多

「比起升遷加薪，準時下班才是最幸福的事。」

年輕人在這個無解的時代，找到一個出口。在「自我」和「現實」中取得平衡。

人生，不需要靠上班來成全；準時下班，人生也不會一敗塗地。

如果，你明確地知道自己的人生該往哪走，如果知道你的生命有更值得珍惜的事物；如果你不辜負自己，不想行屍走肉地活著，你真的可以選擇勇敢下班，不必勉強自己撐到最後。

上班之外、下班以後，才是你人生的主場。

——全文完。

附錄

創業大不易，行銷靠自己

不是網紅、沒有背景、沒有資源，寫給初學者的輕鬆入門行銷 TIPs，不藏私大公開。

再也不頭痛網路行銷怎麼做！

自己也能發新聞稿

因為「我是崴爺」粉絲團，讓不少人知道崴爺本業是廣告公司。這兩年，不少品牌或創業者，透過私訊詢問能不能代接廣告行銷。

雖然我愛賺錢，但98%以上崴爺都會婉拒。因為我很清楚，現在是個薄利時代，除非品牌夠大、毛利額夠高、口袋夠深、銷售通路布建夠完整……否則一個奈米級的小品牌、剛起步的微型企業，要找廣告行銷公司代操，廣告支出加上給廣告公司的服務費，可能只剩下微薄的利潤，甚至還不一定賺得到錢。我實在不想做這種吃力不討好的事。

對新手創業者、微型創業者，崴爺建議，行銷廣告能自己操作的部分、儘量自己來。現在行銷廣告工具的技術門檻，比以前低得多，也沒那麼艱深複雜，只差在經驗多寡而已。有些簡單的工具不必假手他人，可以試著自己執行看看。崴爺分享幾個常在使用，你也可以自己「D.I.Y.」的廣告工具。

公關發稿

新品牌很需要網路優化。也就是消費者在搜尋關鍵字時，可以看到自家品牌報導或是資訊，這樣才能增加品牌信賴感。公關發稿，相對於其他的行銷工具，可能有點費工卻較便宜，甚至不需要費用，而且，會成為品牌在網路上長久的資產喔！

• 第一步：準備新聞稿

你要撰寫一份介紹自家品牌或產品的新聞稿，用WORD檔案大約撰寫1200～1500字左右，並附上三至五張形象及產品圖檔。記得，不要搞得像論文一樣，遣辭用句要淺顯易懂。

新聞稿該怎麼寫？你要把全篇重點濃縮在「第一段」，再利用其他段落說明解釋。切點要有「梗」，抓著「新聞趨勢」。舉個例，如果產品是「口罩」，你可以找找最近空氣汙染的新聞事件，把它當作切入點，這樣比較有機會引發媒體編輯的興趣。

你也可以搜尋網路上各大新聞平台的產品消息稿，或是雜誌上品牌介紹文章，多看幾篇，大概就能抓出起承轉合和撰文的重點。

• 第二步：聯絡媒體編輯

主動聯絡各媒體編輯部，將新聞稿圖文檔案和你的聯絡方式寄出。若編輯對內容有興趣，他會和你聯絡，請你再補充更多的資訊，這樣就可以得到「免費報導」的機會。

你一定想問崴爺，這些「媒體編輯名單」哪裡來？這不難，你可以用網路查出各家媒體的總機電話後，直接打到總機詢問，或是發 E-mail 詢問，總機會幫你轉接到「編輯部」。

媒體編輯分為不同產業。例如：餐飲、3C、生活消費、時尚……你可以透過電話詢問，自己的產業屬於哪個類別。總機轉接之後，和對方說明自己是某家公司的公關，表明有份新聞稿想寄給編輯，麻煩請他提供 E-mail 信箱。更巴結一點，可以說要寄一份自家產品提供編輯體驗，詢問編輯的寄送地址、大名和電話。

你不用太緊張，這年頭各家媒體編輯的流動率頗大，就算是專業的公關公司，也必須常常詢問媒體、更新手上的編輯名單。

要免費，就要多費工，透過主動聯繫互動，你有機會和媒體編輯混熟，他也可能是你創業的資源喔。

合的分類後，開始慢慢挖寶吧。

例如，點進「美食」選項後，可以看到一大堆部落客發表的美食文章。如果你是餐飲品牌，這麼多的美食類部落客，夠你慢慢挑了……

‧部落客的費用

知名度不高的部落客，通常可以「產品、服務交換」和「補助交通費用」的方式洽談合作。

小有流量的部落客，價格比較混亂，就看部落客自己怎麼訂價。通常費用大約落在 $3,000～$20,000 不等。

不少部落客，會同時經營臉書粉絲團，並在臉書粉絲團分享文章連結，把導流量到部落格，這樣費用可能會再增加一些。

選擇流量大的部落客，有一個好處，因為流量大、分享多，對於網路搜尋、排序會較有利。

・如何邀約部落客

部落客會在自己頁面上留有「合作邀約」E-mail 信箱，只要透過信件邀約即可進行。

・和部落客合作的規範建議

這幾年，合作過數不完的部落客，我發現部落客的「水準」參差不齊。有白吃白喝之後，遲遲不交稿，延誤行銷時效；也有體驗完後，直接人間蒸發；還有的有大頭症，超級難搞。

NOTE

國家圖書館出版品預行編目資料

你下班了沒？：不是你不夠努力，是你少了點狠勁 / 崴爺作 . -- 初版 . -- 臺北市：三采文化，2019.08
面；　公分
ISBN 978-957-658-219-6(平裝)

1. 職場成功法

494.35　　　　108012428

suncolor 三采文化集團

iRICH 23

你下班了沒？

不是你不夠努力，是你少了點狠勁

作者｜崴爺
副總編輯｜王曉雯　責任編輯｜徐敬雅
美術主編｜藍秀婷　封面設計｜高郁雯　內頁排版｜徐美玲

發行人｜張輝明　總編輯｜曾雅青　發行所｜三采文化股份有限公司
地址｜台北市內湖區瑞光路 513 巷 33 號 8 樓
傳訊｜TEL:8797-1234　FAX:8797-1688　網址｜www.suncolor.com.tw
郵政劃撥｜帳號：14319060　戶名：三采文化股份有限公司
本版發行｜2019 年 8 月 30 日　定價｜NT$340